BEI GRIN MACHT SICH IHR WISSEN BEZAHLT

- Wir veröffentlichen Ihre Hausarbeit, Bachelor- und Masterarbeit

- Ihr eigenes eBook und Buch - weltweit in allen wichtigen Shops

- Verdienen Sie an jedem Verkauf

Jetzt bei www.GRIN.com hochladen und kostenlos publizieren

Thomas Plehn

Das durch joulesche Wärme entstehende Temperaturfeld einer Eisenkugel im homogenen elektrischen Feld mit Wasser als Dielektrikum

Vergleich von Ergebnissen aus Comsol mit analytischen Berechnungen aus den Annalen der Physik von 1935

GRIN Verlag

Bibliografische Information der Deutschen Nationalbibliothek:

Die Deutsche Bibliothek verzeichnet diese Publikation in der Deutschen National-
bibliografie; detaillierte bibliografische Daten sind im Internet über http://dnb.d-
nb.de/ abrufbar.

Impressum:

Copyright © 2009 GRIN Verlag GmbH
Druck und Bindung: Books on Demand GmbH, Norderstedt Germany
ISBN: 978-3-640-41941-8

Das durch joulesche Wärme entstehende Temperaturfeld einer Eisenkugel im homogenen elektrischen Feld mit Wasser als Dielektrikum

Vergleich von Ergebnissen aus Comsol mit analytischen Berechnungen aus den Annalen der Physik von 1935

Thomas Plehn
Department of Engineering and Mathematics
University of Applied Sciences Bielefeld

Inhaltsverzeichnis

1Abstract..1
2Einleitung...2
3Theorie/Modellbildung..2
   3.1Das Temperaturfeld bei Abwesenheit der Kugel....................................2
   3.2Das elektrische Potential bei Anwesenheit der Kugel............................3
   3.3Das Temperaturfeld bei Anwesenheit der Kugel....................................4
4Umsetzung in Comsol..5
   4.1Ideenfindung und Irrwege..5
   4.2Ausführung der selbst definierten Kopplung..5
5Ergebnisse...7
   5.1Ergebnisse bei niedrigen Frequenzen..7
   5.2Ergebnisse im Ghz-Bereich...8
6Diskussion...9
7Zusammenfassung...11
8Literatur...11

1 Abstract

Diese Arbeit ist von dem Interesse geleitet, Ergebnisse, die durch ein FEM-Tool wie Comsol gewonnen wurden, in einem einfachen Fall, der noch analytisch berechenbar ist, mit den analytischen Betrachtungen zu vergleichen. Bei den analytischen Betrachtungen stützen wir uns auf Krasny-Ergen, Wilhelm, der bereits 1935 in den Annalen der Physik Berechnungen zum Temperaturfeld einer Kugel im homogenen elektrischen Feld veröffentlichte. Um einen möglichst intuitiven Vergleich zu ermöglichen, werden die Ergebnisse von Krasny-Ergen mithilfe von Matlab numerisch ausgewertet.

This Paper is guided by the interest to compare some results achieved by the fem-tool comsol in a

1

simple case, which can be treated analytically, with the analytic results. The analytic treatment is based on Krasny-Ergen, Wilhelm, who already published his calculations on the temperature field of a sphere in a homogeneous electric field in 1935 in the annals of physics. To achieve a comparison as intuitive as possible, the results of Krasny-Ergen are evaluated numerically by matlab.

2 Einleitung

Der Effekt als solches lässt sich durch die Oberflächenladungen auf beiden Seiten der Kugel erklären, die durch die geladenen Kondensatorplatten durch Influenz entstehen. Da die Kugel infolge des Wechselfeldes pro Sekunde viele male umgeladen wird, müssen die Ladungen durch die Kugel fließen und erzeugen dort mehrmals pro Sekunde joulesche Wärme.

Bei der hier vorliegenden Betrachtung handelt es sich um eine stationäre Analyse, die auf zwei wesentlichen Annahmen basiert: Erstens hat die Kugel im Vergleich zum Abstand der Kondensatorplatten einen vernachlässigbaren Radius und zweitens ist die Wellenlänge des Feldes noch immer groß in Bezug auf die Geometrie. Wir werden sehen, dass beides in der Geometrie von comsol nur teilweise erfüllt ist.

Um überhaupt ein stationäres Temperaturfeld erhalten zu können, werden die beiden Kondenstorplatten ständig auf eine bestimmte Temperatur heruntergekühlt. Die Berechung erfolgt mithilfe der Laplaceschen Differentialgleichung für das elektrische Potential,

$$\Delta \varphi = 0 \qquad (2.1)$$

der Gleichung für die joulesche Wärme,

$$q = b|\nabla \varphi|^2 \qquad (2.2)$$

und der Wärmeleitungsgleichung,

$$-\lambda \Delta T = q \qquad (2.3)$$

wobei in Polarkoordinaten mit Ursprung des Koordinatensystems im Mittelpunkt der Kugel gerechnet wird. Dabei kommen geeignete Nebenbedingungen, wie der Übergang des elektrischen Feldes in das homogene Feld bei Abwesenheit der Kugel für r gegen Unendlich, der Übergang des Temperaturfeldes in das Temperaturfeld, das sich ebenfalls bei Abwesenheit der Kugel ergibt, ebenfalls im Limes für r gegen Unendlich. Zusätzlich ist an der Kugeloberfläche noch die Stetigkeit der elektrischen Stromes und des Wärmestroms zu gewährleisten.

Die für das Verständnis notwendigen Rechnungen werden im Rahmen der Theorie/Modellbildung im folgenden grob umrissen. Anschließend werden wir darlegen, wie sich diese Geometrie in Comsol implementieren lässt. Die Ergebnisse werden nachfolgend mit den theoretischen Resultaten verglichen. Schließlich kommen wir zu einer Diskussion der Ergebnisse.

3 Theorie/Modellbildung

3.1 Das Temperaturfeld bei Abwesenheit der Kugel

Folgt man der Darstellung in (Krasny-Ergen, 1935, S. 278f), so erkennt man, dass bei Abwesenheit der Kugel die joulesche Wärmequelle q überall im Gebiet gleich ist, nämlich

$$q = b_a E_0^2 \qquad (3.1)$$

2

denn die Feldstärke ist überall die des homogenen Feldes und es herrscht überall die Leitfähigkeit des Dielektrikums. Außerdem gilt überall im Gebiet die Wärmeleitungsgleichung

$$\Delta T = -\frac{q}{\lambda_a} \qquad (3.2)$$

wobei q die Wärmequelle aus der jouleschen Wärme ist und lambda die Wärmeleitfähigkeit des Dielektrikums. Aufgrund der beiden Kühlplatten ergeben sich noch die beiden Randbedingungen

$$T = T_1 \quad \text{für} \quad z = \pm l \qquad (3.3)$$

Da T von x und y nicht abhängt handelt es sich hier um ein eindimensionales Wärmeleitungsproblem in z Richtung. Damit ergibt sich:

$$\frac{\partial^2 T}{\partial z^2} = -\frac{q}{\lambda_a} \qquad (3.4)$$

Diese Gleichung lässt sich nun problemlos nach z integrieren und man erhält die allgemeine Lösung der Differentialgleichung:

$$T = -\frac{q}{2\lambda_a} z^2 + az + b \qquad (3.5)$$

Wir können nun a und b aus den Randbedingungen (3.3) bestimmen, denn wir haben zwei Gleichungen für zwei Unbekannte, und erhalten zusammen mit dem Wert von q aus (3.1) das folgende Temperaturfeld:

$$T = -\frac{b_a}{2\lambda_a} E_0^2 z^2 + T_2$$
$$\qquad (3.6)$$
$$T_2 = \frac{b_a}{2\lambda_a} E_0^2 l^2 + T_1$$

Dieses Temperaturfeld ist später wichtig, weil das Temperaturfeld der Kugel im Unendlichen in dieses Temperaturfeld übergehen muss.

3.2 Das elektrische Potential bei Anwesenheit der Kugel

Wir folgen nun wieder der Darstellung in (Krasny-Ergen, 1935, S. 279f) um das Potential bei Anwesenheit der Kugel herzuleiten. Da es sich um ein Potential handelt, muss folglich überall die Laplacesche Gleichung

$$\Delta \varphi = 0 \qquad (3.7)$$

gelten, diese erhält jedoch einige Randbedingungen: Zum einen muss das Potential in großer Entfernung zur Kugel in das Potential des homogenen Feldes übergehen, was bedeutet

$$\lim_{z \to \pm \infty} \varphi = -E_0 z \qquad (3.8)$$

außerdem muss das Potential beim Durchgang durch die Kugeloberfläche stetig bleiben, was bedeutet:

$$\varphi_i = \varphi_a \quad \text{für} \quad r = R \qquad (3.9)$$

3

Nun muss noch berücksichtigt werden, dass auch die Normalkomponente des Gesamtstroms stetig bleiben muss, dieser setzt sich aus Leitungsstrom und Verschiebungsstrom zusammen:

$$\left(b_i + \frac{j\omega\epsilon_i}{4\pi} \right) \frac{\partial\varphi_i}{\partial r} = \left(b_a + \frac{j\omega\epsilon_a}{4\pi} \right) \frac{\partial\varphi_a}{\partial r} \quad \text{für} \quad r = R \qquad (3.10)$$

Die Lösung dieses Randwertproblems zitiert Krasny-Ergen nach Abraham Becker (Becker nach Krasny-Ergen, 1935, S. 280):

$$\varphi_i = -Fr\cos\vartheta$$

$$\varphi_a = -E_0\cos\vartheta \left(r - \frac{G}{r^2} \right) \qquad (3.11)$$

Die Lösung dieses inhomogenen Potentials ist also in Polarkoordinaten gegeben, mit exakt bestimmten (komplexen) Konstanten F und G, die hier aber nicht genauer ausgeführt werden sollen.

3.3 Das Temperaturfeld bei Anwesenheit der Kugel

Im Folgenden wird unter Bezugnahme auf (Krasny-Ergen, 1935, S.280f) dargestellt, wie sich aus den vorangehenden Ergebnissen ein Temperaturfeld für die Kugel herleiten lässt. Durch Kombination von Wärmeleitungsgleichung und joulescher Wärmequelle erhalten wir die Differentialgleichung

$$\Delta T = -\frac{b}{\lambda}(\nabla\varphi\nabla\varphi^*) \qquad (3.12)$$

Auch diese Gleichung erhält wieder Randbedingungen: In großer Entfernung von der Kugel muss dieses Temperaturfeld in das Temperaturfeld bei Abwesenheit der Kugel übergehen:

$$\lim_{r\to\infty} T_a = -\frac{b_a}{2\lambda_a}E_0^2 r^2 \cos^2\vartheta + T_2 \qquad (3.13)$$

An der Kugeloberfläche muss außerdem die Normalkomponente des Wärmestroms stetig bleiben, also

$$\lambda_i\frac{\partial T_i}{\partial r} = \lambda_a\frac{\partial T_a}{\partial r} \quad \text{für} \quad r = R$$

$$\lambda_i\frac{\partial T_i}{\partial r} = \eta(T_a - T_i) \quad \text{für} \quad r = R \qquad (3.14)$$

Ein partikuläres Integral der Differentialgleichung (3.12) können wir angeben als

$$S = -\frac{b}{2\lambda}\varphi\varphi^* + T_2 \qquad (3.15)$$

Eine Lösung des Randwertproblems können wir erhalten, indem wir zu S eine Lösung U der zu (3.12) gehörigen homogenen Differentialgleichung addieren, die die Nebenbedingungen (3.13) und (3.14) erfüllt, also

$$\Delta U = 0$$
$$T = S + U \qquad (3.16)$$

und in diesem Schritt steckt das eigentliche Problem. Wir werden diese Gleichungen hier nicht herleiten, sondern begnügen uns am Ende der Arbeit damit, das von Kransny-Ergen ermittelte Temperaturfeld mithilfe von Matlab grafisch darzustellen und mit den Ergebnissen aus Comsol zu vergleichen. Alleine die analytische Lösung des Temperaturfeldes ist zu lang um sie hier zu zitieren. Interessierte können sich ihre Auswertung in dem Matlab-Script anschauen.

4 Umsetzung in Comsol

4.1 Ideenfindung und Irrwege

Zunächst wurde mit dem am einfachsten erscheinenden Ansatz begonnen, der vordefinierten Kopplung zur jouleschen Erwärmung (Comsol Multiphysics/Electro Thermal Interaction/Joule Heating/Steady State analysis). Dies erschien jedoch nicht ausreichend, denn es ergaben sich Probleme: Wenn man ein zeitabhängiges Plattenpotential (Sinusfunktion) ansetzte, war eine Steady-State Analysis nicht mehr möglich, denn der Solver beschwerte sich über das Auftauchen der Variable t in dem Plattenpotential. Eine Steady-State Analysis mit konstantem Plattenpotential war jedoch möglich und lieferte konsistente Ergebnisse zu Krasny-Ergen für sehr kleine omega. Für das Sinus abhängige Plattenpotential war alleine eine transient analysis möglich, diese jedoch wegen der starken Oszillationen nur für sehr kleine omega im Bereich von bis zu 3[rad]/s.

Der nächste Ansatz war das Wechselstrommodul und die dort vordefinierte Kopplung für die joulesche Erwärmung (AC/DC Module/Electro Thermal Interaction/Joule Heating/Steady State analysis). Auch hier war keine steady state analysis für oszillierendes Plattenpotential möglich, da der solver wieder das Auftreten der Variable t dort nicht akzeptieren wollte. Die Transient Analysis war jedoch bis zu Kreisfrequenzen in der Größenerdung von 300[rad]/s möglich. Nun entstand die Idee, die transient analysis für das elektrische Feld mit der steady state Analysis für das Temperaturfeld zu verbinden. Zunächst wurde im Solver Manager die transient analysis für das elektrische Feld gestartet um nun anschließend die Lösung zur steady state Auflösung der Wärmeleitungsgleichung weiter zu verwenden. Hier zeigte sich, dass zumindest mit bloßem Auge kein Unterschied zwischen dem Temperaturfeld bei omega=0[rad]/s und omega=300[rad]/s sichtbar ist.

Das Problem fand seine schlussendliche Lösung in der Verwendung einer selbst definierten Kopplung (AC/DC Module/Quasi-Statics, Electric/In Plane Electric Currents/Time-harmonic analysis) und (Heat Transfer Module/General Heat Transfer/Steady State Anaysis). Durch die time-harmonic analysis wird das Problem nicht in der time domain sondern in der frequency domain gelöst und das ermöglicht quasi beliebig hohe Frequenzen. Die nun angekoppelte Lösung der Wärmeleitungsgleichung verwendet eine mittlere joulesche Wärmequelle aus der time-harmonic analysis des elektrischen Feldes. Diese Lösung wird im folgenden näher ausgeführt weil sich damit der gesamte Frequenzbereich, der für die joulesche Wärme interessant ist, abdecken lässt. Obwohl sich hier auch sehr große Frequenzen eingeben lassen, ohne dass sich der Solver beschwert, erfolgt aber eine Berücksichtigung von Hochfrequenzphänomenen nicht. Die Analyse geht von quasi-statischen Verhältnissen aus, das bedeutet, die Wellenlänge des Feldes ist noch groß gegenüber der Geometrie. Diese Annahme wird auch in dem Paper von Krasny Ergen getroffen.

4.2 Ausführung der selbst definierten Kopplung

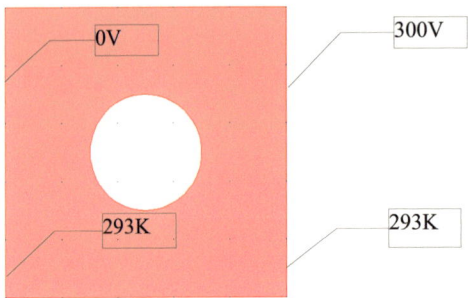

Abbildung 1: Die Geometrie
unter Comsol

Als Geometrie wurde im 2D-Modus ein Quadrat mit 1m Seitenlänge verwendet in dessen Mitte sich ein Kreis mit 0,2m Radius befindet. Die Boundary Settings ergeben sich direkt aus der Aufgabenstellung: An der Stelle der Kühlplatten wird eine feste Temperatur von 293K gewählt, überall sonst thermische Isolierung. An einer Kühlplatte wird das elektrische Potential 300V gewählt, an der anderen das elektrische Potential von 0V. Überall sonst wählt man elektrische Isolation. Die Subdomain Settings erfolgen mithilfe der Materialkonstanten für Eisen (Kugel) und Wasser (Zwischenraum). Dabei benötigt das AC/DC-Modul Angaben zur Leitfähigkeit und Dielektrizität der Materialien und das Heat Transfer Module Angaben zur Wärmeleitfähigkeit, Dichte, Wärmekapazität und schließlich der selbst definierten jouleschen Wärmequelle.

Conduction	Convection	Ideal Gas	Out-of-Plane	Init	Element	Color

Thermal properties and heat sources/sinks

Library material: [▼] [Load...]

Quantity	Value/Expression	Unit	Description
⦿ k (isotropic)	0.58	$W/(m\cdot K)$	Thermal conductivity
○ k (anisotropic)	400 0 0 400	$W/(m\cdot K)$	Thermal conductivity
ρ	1000	kg/m^3	Density
C_p	4182	$J/(kg\cdot K)$	Heat capacity at constant pressure
Q	$10^{\wedge}(-4)^*(abs(Vx)^{\wedge}2+a$	W/m^3	Heat source
Opacity:	Opaque ▼		

Abbildung 2: Materialkonstanten für Wasser im Modus
Wärmetransport

Constitutive relation

⦿ $D = \varepsilon_0\varepsilon_r E$ ○ $D = \varepsilon_0 E + P$ ○ $D = \varepsilon_0\varepsilon_r E + D_r$

Quantity	Value/Expression		Unit	Description
J^e	0	0	A/m^2	External current density
Q_j	0		A/m^3	Current source
d	1		m	Thickness
σ	$10^{\wedge}(-4)$		S/m	Electric conductivity
ε_r	80		1	Relative permittivity

Abbildung 3: Materialkonstanten für Wasser im Modus
AC/DC

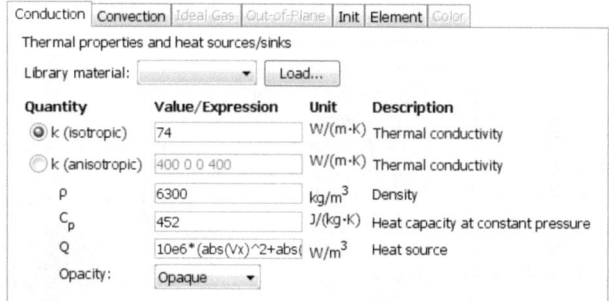

| Conduction | Convection | Ideal Gas | Out-of-Plane | Init | Element | Color |

Thermal properties and heat sources/sinks

Library material: [_____ ▼] [Load...]

Quantity	Value/Expression	Unit	Description
⦿ k (isotropic)	74	W/(m·K)	Thermal conductivity
○ k (anisotropic)	400 0 0 400	W/(m·K)	Thermal conductivity
ρ	6300	kg/m³	Density
C_p	452	J/(kg·K)	Heat capacity at constant pressure
Q	10e6*(abs(Vx)^2+abs(	W/m³	Heat source
Opacity:	Opaque ▼		

Abbildung 4: Materialkonstanten für Eisen im Modus Wärmetransport

Constitutive relation

⦿ $D = \varepsilon_0\varepsilon_r E$ ○ $D = \varepsilon_0 E + P$ ○ $D = \varepsilon_0\varepsilon_r E + D_r$

Quantity	Value/Expression	Unit	Description
J^e	0 0	A/m²	External current density
Q_j	0	A/m³	Current source
d	1	m	Thickness
σ	10e6	S/m	Electric conductivity
ε_r	1	1	Relative permittivity

Abbildung 5: Materialkonstanten für Eisen im Modus AC/ DC

Anschließend wird die vordefinierte Variable unter Physics/Scalar Variables für die Frequenz der time harmonic analysis nach Bedarf variiert.

5 Ergebnisse

5.1 Ergebnisse bei niedrigen Frequenzen

Zum besseren Vergleich der analytischen Ergebnisse von Krasny-Ergen mit den Ergebnissen aus Comsol wurden die analytischen Ergebnisse mithilfe von Matlab grafisch aufbereitet. Im niedrigen Frequenzbereich ergibt sich eine nahezu perfekte Übereinstimmung.

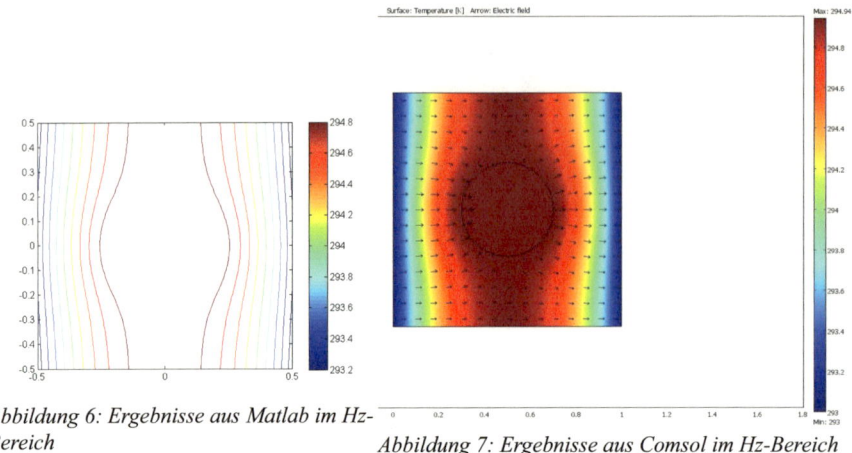

Abbildung 6: Ergebnisse aus Matlab im Hz-Bereich

Abbildung 7: Ergebnisse aus Comsol im Hz-Bereich

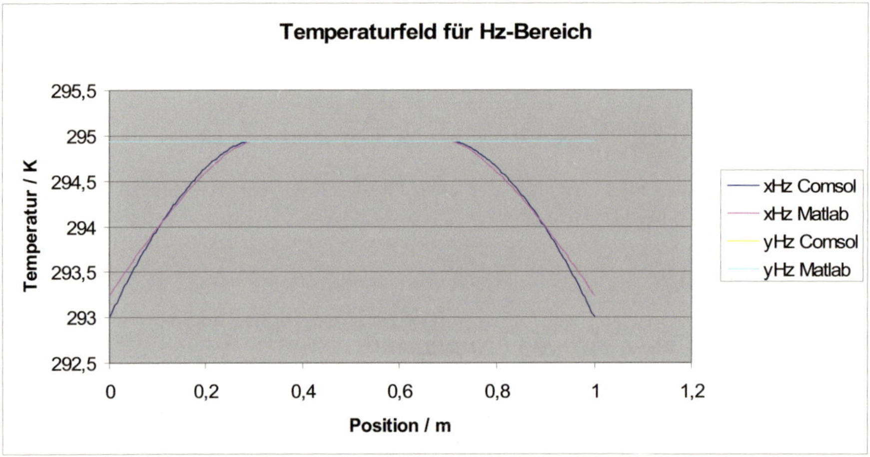

Temperaturfeld für Hz-Bereich

Abbildung 8: Numerischer Vergleich der Ergebnisse

5.2 Ergebnisse im Ghz-Bereich

Im Ghz-Bereich ist die Übereinstimmung zwischen analytischer Lösung und FEM-Lösung nicht mehr so gut. Zwar stimmen die Temperaturfelder in ihrer grundsätzlichen Form überein, jedoch zeigt die FEM-Lösung eine deutlich stärkere Aufheizung.

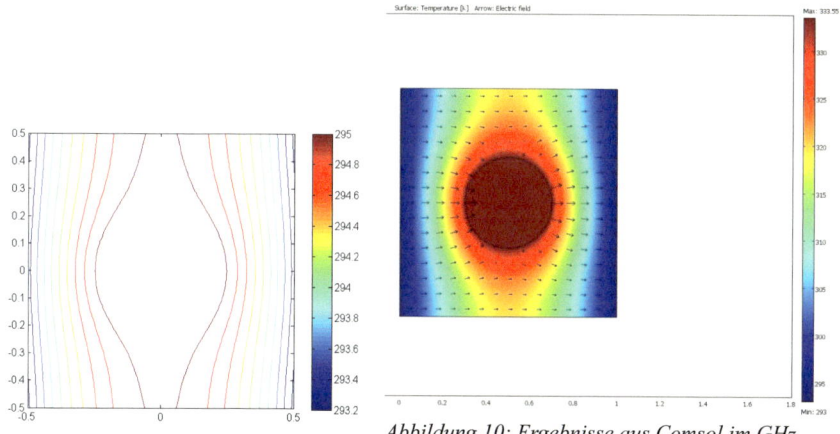

Abbildung 9: Ergebnisse aus Matlab im GHz-Bereich

Abbildung 10: Ergebnisse aus Comsol im GHz-Bereich

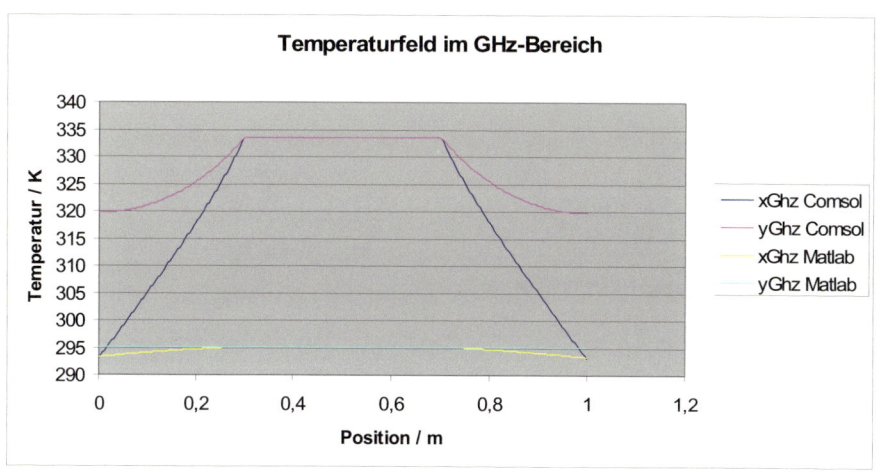

Abbildung 11: Numerischer Vergleich der Ergebnisse

6 Diskussion

Hervorgerufen wird die joulesche Wärme durch das elektrische Feld, daher ist es angebracht zur Beurteilung der Ergebnisse eine grafische Darstellung der Feldstärke von der FEM-Lösung anzufertigen. Dabei erfolgt ein Vergleich zwischen niedrigen Frequenzen und Ghz-Bereich (beide Grafiken erscheinen nebeneinander):

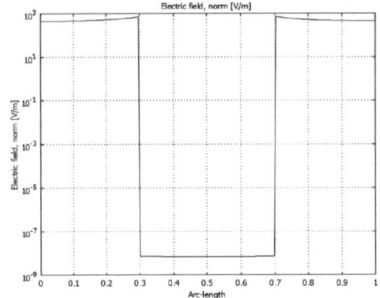
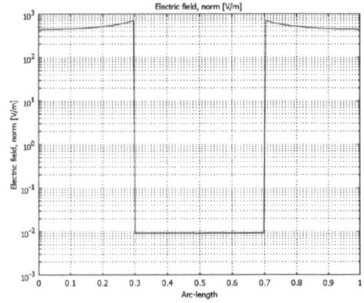

Abbildung 12: Elektrisches Feld in Comsol im Hz-Bereich

Abbildung 13: Elektrisches Feld in Comsol im GHz-Bereich

Wie man erkennen kann, verändert sich die Feldstärke vor allem innerhalb der Kugel drastisch, nämlich um mehrere Größenordnungen (von 10^-9 auf 10^-2). Außerhalb der Kugel bleibt die Feldstärke ziemlich ähnlich. Wir haben versucht, die starke Veränderung der Feldstärke innerhalb der Kugel auch in der analytischen Lösung wiederzufinden. Dazu beziehen wir uns auf Formel (3.11) aus der Theoriebildung:

$$\varphi_i = -Fr\cos\vartheta$$
$$\varphi_a = -E_0\cos\vartheta\left(r - \frac{G}{r^2}\right) \qquad (3.11)$$

Um das elektrische Feld im inneren der Kugel zu erhalten, bilden wir den Gradienten des inneren Potentials:

$$\nabla\varphi_i = \frac{\partial\varphi_i}{\partial r}\vec{e}_r + \frac{1}{r}\frac{\partial\varphi_i}{\partial\vartheta}\vec{e}_\vartheta \qquad (6.1)$$

Ausgerechnet für das konkrete Potential bedeutet das:

$$\nabla\varphi_i = -F\cos\vartheta\cdot\vec{e}_r + F\sin\vartheta\cdot\vec{e}_\vartheta \qquad (6.2)$$

Bei dem oben betrachteten cross section plot verläuft jedoch der Schnitt direkt entlang der x-Achse durch die Kugelmitte. Das bedeutet, theta ist hier 0, wodurch der Kosinus Faktor zu 1 wird. Damit ist der Betrag des elektrischen Feldes innerhalb der Kugel konstant F. Deswegen scheint es interessant, das Verhalten von F im Frequenzbereich zu studieren. Da es sich bei F um eine komplexe Zahl handelt, erfolgt die Darstellung getrennt in Realteil und Imaginärteil:

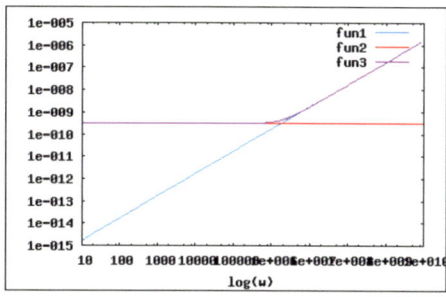

*Abbildung 14: Verhalten der Konstante F in einem
log/log-Plot über den Frequenzbereich*

Die Abbildung zeigt einen log/log-Plot der Konstante F für verschiedene Frequenzen. Der Realteil ist rot dargestellt und über den gesamten Bereich betrachtet nahezu konstant. Der Imaginärteil ist blau dargestellt und weist einen linearen Anstieg auf. In Magenta sieht man den Absolutbetrag der Konstante F. Man sieht, dass für niedrige Frequenzen der Absolutbetrag nahezu ausschließlich aus dem Realteil besteht, während er sich für hohe Frequenzen größtenteils aus dem Imaginärteil zusammensetzt.

Für kleine Frequenzen passt die Größenordnung 10^{-9} gut zur Feldstärke in der FEM-Simulation. Für große Frequenzen im Ghz-Bereich ist 10^{-6} jedoch wesentlich weniger als 10^{-2} in der FEM-Simulation. Hier müssen noch andere Effekte für den deutlicheren Anstieg in der FEM-Simulation verantwortlich sein.

7 Zusammenfassung

Wir haben gesehen, dass sich das Temperaturfeld für Frequenzen in der Größenordnung bis in den Mhz-Bereich nicht merklich ändert, es bleibt sogar nahezu konstant. In diesem Bereich haben wir eine sehr gute Übereinstimmung zwischen FEM-Lösung und analytischer Lösung von Krasny-Ergen. Erst wenn man in den Ghz-Bereich kommt, erkennt man eine merkliche Veränderung des Temperaturfeldes, sowohl in der FEM-Simulation, als auch in der analytischen Lösung. In der FEM-Simulation ist der Anstieg hier jedoch drastischer. Dies führen wir auf zusätzliche Effekte zurück, die hier im Gegensatz zu der analytischen Lösung berücksichtigt werden.

8 Literatur

Krasny-Ergen, 1935: Das durch Joulesche Wärme entstehende Temperaturfeld einer Kugel im homogenen elektrischen Feld, Annalen der Physik, vol. 415, Issue 3, pp.277-284

Tipler, 1994: Physik, Paul A. Tipler, Spektrum Akademischer Verlag

Kuchling, 1989: Taschenbuch der Physik, Verlag Harri Deutsch, Thun und Frankfurt/Main